小学童 探索百科博物馆系列

长耳朵兔

小学童探索百科编委会·著

探索百科插画组·绘

北京日报出版社

目 录

小小的学童，大大的世界，让我们一起来探索吧！

我们是探索小分队，将陪伴小朋友们
一起踏上探索之旅。

我是爱提问的
汪宝

我是爱动脑筋的
咪宝

我是无所不知的
龙博士

tù

兔 象形字

"兔"字的来历

很多小朋友都喜欢长相乖巧可爱的小兔子。它们耳朵长，尾巴短，还长着可爱的三瓣嘴，后腿长，前腿短，走起路来蹦蹦跳跳的。

"兔"字是象形字，我们从其甲骨文字形可以看出兔子长长的耳朵、短短的尾巴和短小的四肢。从其金文字形来看，更像一只蹲立着的兔子，它前腿短、后腿长，似乎正用一双大眼睛看向远处，样子非常可爱。只不过后来，"兔"字的字形慢慢变得不那么象形了。至于为什么读"tù"音，传说是因为古人看到兔嘴巴上有缺口，以为小兔子就是从那里吐出来的，所以叫"兔"（和"吐"同音）。这是不是一个很有意思的字啊？

兔子的种类很多，除了家兔，还有长得像鼠的鼠兔，以及能够飞奔快跑且拥有大长腿的野兔。它们有的打洞，有的不打洞，过着不一样的生活。

汉字小课堂

在中国古代神话中，传说月亮上有一只捣药的玉兔，所以人们用"兔"来作为月亮的别称，如"兔辉"，就是月光的意思。另外，兔子还被古人称为"月精""月德""明视"等。

4

甲骨文　　　　金文　　　　小篆　　　　隶书　　　　楷书

长长的耳朵三瓣嘴

爱吃萝卜和青菜

短短的尾巴亮亮的眼

蹦蹦跳跳走过来

我是可爱的 小兔子

 # 兔子的身体有什么特点？

　　兔子身形小巧，长相可爱。它们长着长耳朵、大眼睛、三瓣嘴，加上活泼温驯的性格，让它们成为小朋友的动物好伙伴。

眼睛 位于面部两侧，又大又圆。兔子看不清正前方近距离的事物，还是色盲。

鼻和嘴 鼻子常随呼吸不停地翕动，嗅觉非常灵敏。嘴较短，分为上唇、下唇，上唇纵裂（又称豁嘴），是典型三瓣嘴。

前足 较小，有5根脚趾，顶端的尖爪可以掘土挖洞。

(穴兔)(野兔)

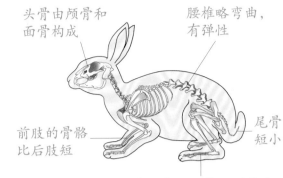

头骨由颅骨和面骨构成

腰椎略弯曲，有弹性

前肢的骨骼比后肢短

尾骨短小

后脚趾骨、跖骨、跗骨平贴地面，形成大脚掌

兔子的骨骼示意图

耳朵 很长，可以灵活地转向声音的来源方向。耳朵上分布着很多血管，能帮助身体散热。

穴兔

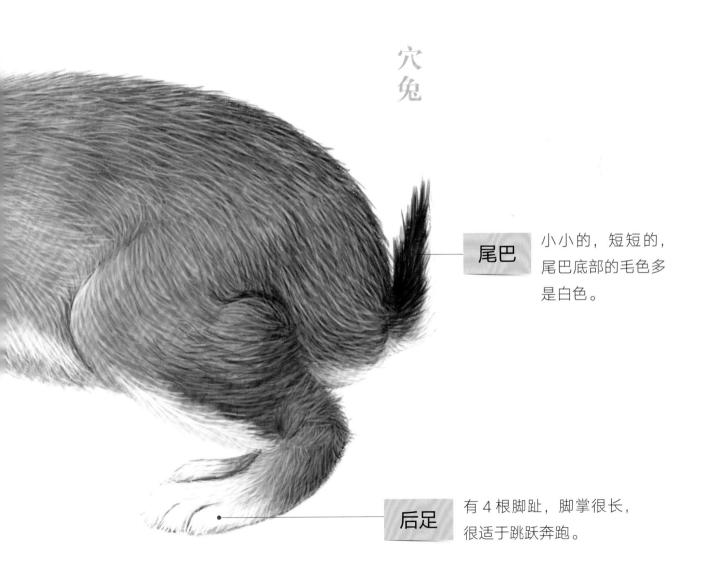

尾巴 小小的，短短的，尾巴底部的毛色多是白色。

后足 有4根脚趾，脚掌很长，很适于跳跃奔跑。

兔子的祖先是谁？家兔是由野兔驯化而来的吗？

兔子的起源现在还不是很清楚，从化石推测是由古老的原兔类动物进化来的，而一部分原兔类动物后来进化成耳朵短圆、四肢短小、几乎看不到尾巴的鼠兔类；另一部分则进化为前腿短、后腿长、有着毛茸茸小尾巴的短耳兔、穴兔和野兔。

我们平时常见的兔子基本都是家兔，它们是由生活在野外的穴兔驯化而来，并不是由野兔驯化而来的。野兔和家兔只是亲戚关系，是不同的种类，基因也不相同。现在，人工培育的家兔已有 60 多个品种，按照用途可分为肉用兔、皮毛用兔和观赏兔。家兔和穴兔一样，喜欢打洞，而野兔是不会打洞的。

兔子的进化

野兔　　穴兔　　短耳兔　　鼠兔　　原兔类

现代人工培育的家兔类型

肉用兔　　皮毛用兔　　观赏兔

野兔和穴兔的区别

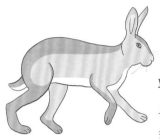

野兔的四肢要比穴兔长，体形较大，奔跑速度快。

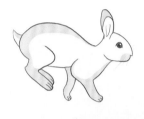

穴兔四肢较短，擅长挖洞，奔跑速度不是很快。

我是生活在野外的穴兔，家兔就是由我驯化而来的。

我们家兔经过人们的培育，已有60多个品种了。

嗯……

9

为什么兔子的耳朵这么长?

兔子最引人注目的就是它们长长的耳朵，这对耳朵之所以这么长，是有原因的。

在野外生活的兔子，是很多食肉动物喜欢捕食的美味。这些凶猛的食肉动物除了奔跑速度快，行动也十分隐秘，兔子得依靠长耳朵来搜集周围细微的声响，这样才能及时发现危险。

兔子的长耳朵还是散热降温的法宝。兔子身上的汗腺少，在炎热的夏季，兔子耳朵上的血管会变粗，血液流动加快，能将体内的热量传送到耳部，再从竖立的大耳朵散发到周围的空气中，这样身体的温度就能降下来了。到了冬季，兔子还会把长耳朵贴在自己的背脊上，让身体保持温暖。另外，兔子在奔跑跳跃时它们的耳朵还能帮助身体保持平衡。所以，兔子的耳朵不光可爱，还有很多功能呢。

一只长耳朵的欧洲野兔正在警觉地倾听着周围的动静。

10

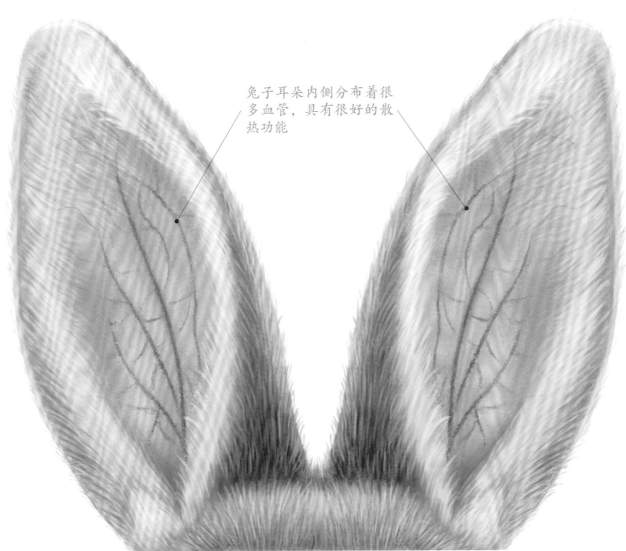

兔子耳朵内侧分布着很多血管，具有很好的散热功能

羚羊兔的大长耳朵非常显眼，有的可以长达 17 厘米。

垂耳兔是人工培育的品种，小时候耳朵是直立的，长大后就开始渐渐下垂了。

我们捉兔子时应尽量抓它们的颈背部，因为抓兔耳朵可能会造成耳神经损伤，导致兔耳朵立不起来或无法转动，还会损坏兔子的平衡功能，甚至会减少兔子的寿命哦。

人工培育的荷兰侏儒兔，耳朵又小又短，且是竖耳。

穴兔的耳朵长度中等，没有野兔的长。

捉兔子时能直接抓它们的耳朵吗？

为什么有些小白兔的眼睛是红色的？兔子的视力好不好？

有些小白兔看上去有一双漂亮的红眼睛，但实际其眼球是透明无色的，不含任何色素。之所以看上去是红色的，是因为它们的眼球中分布着许多毛细血管，血管中的血液是红色的，当光线照到这些血管上，就会反射出血液的红色，于是小白兔的眼睛看上去就像红宝石一样了。兔子的眼睛其实有各种颜色，如蓝色、黑褐色、灰色、黄褐色、棕色等，大多数兔子眼睛的颜色与身上的毛发颜色是一致的。即使是小白兔，它们的眼睛也不都是红色的，黑眼睛、蓝眼睛的小白兔也有很多哦。

兔子的眼睛长在头部的两侧，所以它们的视野很宽阔。兔子还是"远视眼"，能看清远处的物体，却看不清甚至看不到近处的物体，对距离的感知能力也较差。另外，兔子还是色盲，分辨不了红色。

兔子在黄昏和早晨看东西更清楚，在充足光线下和黑暗中看得并不清楚，夜视能力也较差。

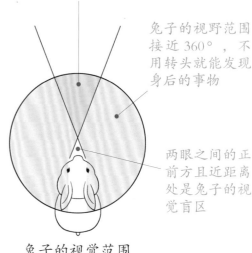

兔子两眼看到的影像只在正前方有重叠，形成立体视觉。兔子的远视能力好，就是因为距离越远双眼影像重叠的部分就越大

兔子的视野范围接近360°，不用转头就能发现身后的事物

两眼之间的正前方且近距离处是兔子的视觉盲区

兔子的视觉范围

兔子近距离视力不好，所以得靠嗅觉来辨认同伴和近处的事物。

兔子眼睛的不同颜色

蓝色

黑褐色

灰色

黄褐色

红眼睛

有些小白兔看似是红眼睛，其实它们的眼球是透明无色的，红色是眼球血管中血液的颜色。

为什么兔子是三瓣嘴呢？为什么兔子喜欢不停地翕动鼻子呢？

兔子上唇的正中央有一道纵向的豁口，因此就形成了独特的三瓣嘴，吃东西的时候看着十分可爱。兔子是食草动物，而它们的嘴又比较短，三瓣嘴的结构能使兔子在进食时先露出上门齿，以方便切断青草、啃咬树皮等。成年兔总共有28颗牙：上颌有2颗大门齿和2颗内门齿，下颌有2颗下门齿，另外还有10颗前臼齿和12颗后臼齿。门齿负责切断食物，臼齿负责磨碎食物。

兔子平时不停地翕动鼻子，是因为两眼之间正前方且近距离处是它们的视觉盲区，所以要靠敏锐的嗅觉来弥补这个不足。兔子能通过不停地翕动鼻子来辨别不同的气味，如闻闻眼前有没有好吃的食物，这个胡萝卜是不是成熟了，自己的玩具是不是在身边……当夏天温度高时，兔子还会通过加快翕动鼻子来提高呼吸的节奏，帮助身体散热。另外，当兔子精神紧张时，也会快速翕动鼻子哦。

如果兔子不磨牙……

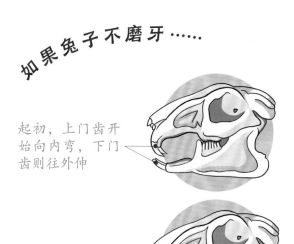

起初，上门齿开始向内弯，下门齿则往外伸

后来，门齿弯曲过度，兔子就无法吃东西了

因为兔子的门齿终生都在生长，所以平时必须不停磨牙来让门齿保持适当的长度，否则就会长畸形。

探索 早知道

人们起初认为，兔子与老鼠一样是啮(niè)齿类动物，后来才把兔子单独列为一类。二者的差别就在于老鼠这样的啮齿类动物只有2颗上门齿，而兔子有4颗上门齿，而且即使兔子老了它们的牙齿也不会脱落哦。

小门齿在大门齿的内侧

兔子有2颗大的上门齿，在这2颗大门齿的内侧还隐藏着2颗小门齿，再加上2颗下门齿，兔子总共有6颗门齿。

真好吃！

看，兔子的三瓣嘴吃起东西来是多么的灵活呀！

内门齿
上门齿
下门齿
白齿

兔子的门齿负责切断食物，白齿负责磨碎食物。

15

兔子喜欢吃什么？它们真的会吃自己的"便便"吗？

　　兔子是食草动物。生活在野外的兔子喜欢吃鲜嫩的青草、各种野菜和树木的嫩叶。到了冬天，没有足够的食物，兔子就会去吃草根、啃树枝和幼树的树皮等。而家养的兔子除了各种青草、青菜、草秆等，还有专门的兔粮。不过，光吃青菜的兔子，它们的门齿很容易长得很长，因为青菜里的粗纤维没有青草、草根等多，无法帮兔子更好地磨牙。

快来吃呀……

兔子是真的会吃掉自己的"便便"的，但只吃自己排出的湿软的小粪球，因为这种粪球里有很多没有被消化吸收的蛋白质、维生素以及有利于消化的细菌等。这种软粪球一旦排出，兔子会马上就把它吃掉，不加咀嚼。而兔子不吃排出的硬的小粪球，因为那些是"真的"粪便了。兔宝宝也常常吃兔妈妈的湿软粪便，就是为了获取助消化的细菌，让自己能更好地消化食物。

兔子不能吃巧克力、洋葱、韭菜、大葱、大蒜等食物，也不能喝咖啡和酒。在喂它们青菜时，清洗干净后最好把表面的水分擦干，平时喂水最好是凉开水或矿泉水，否则可能会导致兔子腹泻甚至死亡！因为家养兔子的肠胃十分脆弱。

家养的兔子什么都吃吗？

兔子会将排出的湿软粪球再次吃进嘴里。

为什么兔子总是蹦蹦跳跳地走路？为什么它们总爱站立起来四处张望呢？

　　兔子走路之所以蹦蹦跳跳的，是因为它们的前腿和后腿不一样长，没办法平稳地行走。兔子的前腿较短，力量也小；后腿较长，肌肉强健有力，非常适于跳跃。兔子脚掌下的毛多且蓬松，它们奔跑速度快，飞奔时会四脚腾空，在奔跑时还能突然刹车、急转弯或调头，身体非常灵活，这也是兔子躲避天敌的手段。

　　兔子时不时站起来四处张望，是在观察周围的环境，看看有什么异常的动静，也可以更好地闻到周围的气味，判断有没有天敌或哪里有好吃的食物。

兔子的后腿要比前腿长，力量也更大，是奔跑时的"发动机"。拥有大长腿的欧洲野兔，其奔跑速度可以达到每小时 72 千米。

兔子靠趾骨、跖骨和跗骨着地能保持身体直立。

兔子奔跑的姿势

兔子奔跑时的脚印　　兔子蹦跳走路时的脚印

兔子的不同动作姿态

蹲着休息

趴着散热

准备行动

前爪洗脸

舔毛讲卫生

因为兔子的前腿和后腿不一样长，所以它们的各种动作姿势也很有特点。

兔子的天敌有哪些呢？遇到天敌兔子该怎么办呢？

在野外，很多动物都会捕食兔子，毕竟兔子是食草动物，体形也不大，又没有厉害的防身武器，捕杀起来没有什么危险。狼、狐狸、蛇、鹰、鬣狗以及各种猫科动物等，都是兔子的天敌。

兔子没有厉害的防身武器，所以提前感知危险、及时逃跑对它们来说很重要，这也是兔子的听觉和嗅觉很出众的原因之一。对于生活在野外、拥有大长腿的野兔来说，它们一旦察觉到情况不妙，就会飞速奔逃，并用突然转向、后腿蹬踹等方法来摆脱天敌的追击。有时它们还会跳入水中以逃命。对于穴兔来说，它们大多会以最快的速度跑回洞穴中躲藏。这些方法有时有用，但有时也没什么用，所以兔子为了延续种族，它们的生长周期较短，繁殖速度很快，因此后代的数量很多。

狐狸很喜欢猎食兔子。

蛇常常会爬到兔穴里捕食兔子。

身体细长的鼬（yòu）类也是兔子的天敌。

探索 早知道

当一些在野外穴居的兔子发现危险时，会用后脚掌重击地面，发出声音提醒洞穴中的同伴。一些兔子的尾巴底部的毛发为白色，当它们遇敌逃跑时，会竖起尾巴给其他同类警示；但拥有大长腿的野兔遇敌逃跑时，尾巴是放平的，这是为了更好地隐藏自己。

快跑！！！

兔子在逃命时也会跳入水中。

草原上，一只红尾鵟 (kuáng) 正在捕猎，而野兔只能通过飞速奔跑来逃避天敌的利爪。

21

兔子的家是什么样子的呢？

不同种类的兔子安家方式不同。有的兔子把家安在地下洞穴里，有的就只把家安在草丛中的浅窝中。穴居生活的兔子主要是穴兔和家兔，它们挖洞多半是为了产崽。兔妈妈会找一个比较适宜的地方，用前爪不停地向身后扒土，土堆到一定程度后就会伏下身子、后腿蹬地，像推土机一样用前爪把土推远。挖好洞后，兔妈妈还会扯下自己身上的绒毛，铺在草堆上，为孩子们打造一张舒适的"床铺"。

兔穴要方便防御敌人和及时逃跑，所以洞穴的结构也比较复杂，会有多个洞口。有一些兔子会群居生活，兔穴洞洞相连，十分壮观。在生下兔宝宝后，兔妈妈外出觅食时常会用泥土和干草将洞口堵住。回洞时兔妈妈也不会直接跑进洞中，而是跑过洞口继续前行，到四周听一听、闻一闻，然后以"之"字形的路线跑动一番，确定周围很安全，才会回到洞中。

妈妈……

穴兔的家在地下。兔宝宝们正在洞穴深处的"床铺"上等着兔妈妈回来。

穴兔的地下洞穴剖面图

孩子们，我回来啦！

野兔窝的侧面图

野兔不打洞，生活在地面上。休息或产崽时会在地面上挖个浅坑筑窝。

兔妈妈真的会生许许多多的兔宝宝吗？

是的。兔妈妈实在太能生了，尤其是穴兔和家兔！一只成年雌兔一年可生6窝小兔子，一般每窝4~8只。小兔子通常在4~6个月后达到性成熟，即可以繁殖自己的下一代，而它们的妈妈仍会不断地繁殖。这样一来，兔子的数量就会越来越多。如果没有足够的天敌来控制兔子的数量，它们很容易泛滥成灾，带来严重的生态问题。

不过，生活在地面上的野兔数量很有限，它们怀宝宝的时间比穴兔和家兔长，有的野兔甚至一年只生1窝，一般每窝5~6只。在野外环境下，由于天敌太多，很多野兔活不过1年，但有的穴兔或家兔能活12年。

穴兔的成长过程

穴兔宝宝出生时几乎全身裸露无毛，眼睛睁不开，耳朵听不见，身体几乎不能活动。

出生10天左右，穴兔宝宝就能睁开眼睛了。

出生20天左右，穴兔宝宝开始吃少量鲜草，并能随妈妈外出活动了。

出生30天左右，穴兔宝宝可以断奶了。

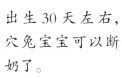

野兔宝宝出生在地面的浅草窝里，一生下来身上就有毛，眼睛能睁开，身体能协调地活动。野兔宝宝两三天就能自己到处跑动，并能吃少量的草了。有些种类的野兔宝宝在2~3周后就能独立生活了，而有的则需要30~45天才会彻底断奶。

那可不行。由于近距离内的视觉盲区，兔妈妈是靠嗅觉辨认自己宝宝的。如果闻到兔宝宝身上有其他气味，会以为这不是自己的孩子而把它们抛弃甚至咬死哦。

野兔妈妈不会时刻守着自己的宝宝，只是在特定的时间回到浅草窝里给兔宝宝喂奶。

我能摸兔宝宝吗？

25

野兔为什么喜欢"拳击"打架？

你不要这么凶，好不好？

生活在地面上的野兔非常谨慎胆小，平时总是独来独往。不过到了每年春季，它们需要组成家庭繁衍后代，这时便一改常态闹个不停，所以人们常说它们是"3月里发了疯"的野兔。雄兔会互相追逐打架，展示自己的力量和体格，来获得雌兔的喜欢。雌兔的脾气也不小，如果还没有准备好接受雄兔，便会毫不手软地用"拳头"打退那些妄想靠近的雄兔。当雌兔准备好之后，还会发动一场"追逐大赛"，以摆脱那些跟随的雄兔，而坚持到最后的雄兔，一般也是最强壮的一只，便自然成为雌兔的新任伴侣。随后雄兔和雌兔便成双成对活动，开始繁育下一代。

我打！！！

激烈的"拳击比赛"常常发生在雌兔和雄兔之间。因为雌兔还没准备好，不想和雄兔交配。

雌兔常常会发起一场"追逐大赛"来"考验"雄兔。

雄兔为了争夺雌兔的交配权，也会发生激烈的打斗。

兔子是怎么过冬的?

　　兔子不像熊那样通过睡大觉、不吃不喝来度过寒冬,熊会在入冬前不停地吃东西,在体内存储厚厚的脂肪,还会换上又厚又密的毛,穿上一件厚厚的过冬"大衣"。在冬天来临之前,生活在洞穴中的兔子(如穴兔或家兔)会提前在洞里储备一些过冬的食物和用来保暖的干草,等冬天到来时,它们会尽量待在洞里,只有在缺少食物的时候才会跑出去觅食。

　　生活在地面上的野兔一般会在山坡的向阳面、大树根下或背风的地方做个浅窝,平时就找草根、松子、橡子吃,有时还会啃咬树皮等来挨过冬天。在严寒时节,一些野兔也会挖些简易的浅洞躲避风雪,还有些聪明的野兔会跑到人类居住的房屋附近藏匿 (nì) 过冬。

兔子换毛的过程

生活在寒冷地区的兔子,如北极兔,为了与环境融为一体来躲避天敌,冬季和夏季的毛发颜色会有所不同。

冬季,身上的毛发几乎全变为白色了。

春季,从头部和背部开始毛色逐渐变为灰褐色。

秋季,从腿部、耳朵开始毛色渐渐变白。

夏季,身上的毛发除尾巴和脚外,都变成灰褐色。

白靴兔夏天时会换上棕色"夏装",冬天时又会换上白色"冬装"。

拥有大脚掌的白靴兔在严寒季节，常会在倒伏的枯树干中或者在坑洞里躲避风雪。

真冷啊！

探索——早知道

生活在草原上的野兔冬季不换毛色，但是毛发会增厚增长。它们一般在背风或向阳的草窝里躲避寒冷，有时会在雪地里挖个浅洞躲在里面。

兔类动物有哪些成员呢?

兔类动物包括兔科和鼠兔科动物，它们同属兔形目家族，在世界各地分布很广泛。兔类动物都是典型的食草动物，以青草、树木的嫩枝和嫩叶为食。现在我们就认识一下其中的代表吧。

兔类动物

形似鼠的鼠兔科动物

鼠兔科动物是较为原始的兔类动物，它们大多生活在岩石较多的山区，有些穴居于森林甚至荒漠地区。

代表种类

达翰尔鼠兔

高原鼠兔

大耳鼠兔

生活在地面上

野兔是生活在地面的兔科动物的代表，其体形比穴兔要大很多。它们非常警觉，腿长而健壮，奔跑迅速。

代表种类

欧洲野兔　　　　　　羚羊兔

北极兔（左为冬装，右为夏装）

我以为兔子都是打洞的呢！

兔子有打洞的，也有不打洞的，还有些长得像鼠，所以它们的种类还是很丰富的。

常见的兔科动物

我们常见的兔科动物按照是否穴居可以分为两类，即生活在地面上或洞穴中。

生活在洞穴中

相对于生活在地面上的兔类，生活在洞穴中的兔类体形较小，四肢和耳朵也相对较短。大多群居生活，适应性非常强，繁殖能力惊人。

代表种类

穴兔

北美侏儒兔

我们所说的家兔是由穴兔驯化而来的，并由人工培育出了各种品种。有些家兔跑回野外生活，但并不能成为野兔，野兔和家兔是不同的种类。

家兔

像鼠却是兔——高原鼠兔

我是高原鼠兔，虽然长得有一点点像放大版的仓鼠，但我是兔家族的成员，属于很特别的鼠兔一族，大家都叫我"高原精灵"。

看，我是不是特别可爱？

耳朵小而圆

身体圆胖，灰褐色，没有明显的尾巴

嘴部和鼻部的毛为黑色

体长能达到19厘米

四肢短小，后肢略长于前肢

我生活在青藏高原 3000~5000 米的草原上，我们鼠兔一族有一些生活在亚洲其他地方，还有少量生活在北美洲和欧洲。我非常善于挖洞，挖的洞穴又深又长，且洞口一般为 4 个以上，这样在遇到危险时，我能及时就近逃回洞中。

鼠兔能发出小鸟鸣叫般的声音

其他鼠兔听到后会马上躲到岩石下或跑回洞里

有"天山精灵"之称的伊犁鼠兔，它们数量极其稀少，以红景天、雪莲、虎耳草等高山植物为食。

鼠兔家族的成员平时外出都十分小心，在感受到危险时会及时通知同伴。

高原鼠兔的一天

早上出洞后，会一起立起身子晒太阳，让阳光晒晒肚皮。

开启一天中最重要的事情——吃饭。

和同伴在草地上打闹游戏。

老鹰来啦!

和天敌玩"躲猫猫"的游戏，一有危险就火速跑回洞里。

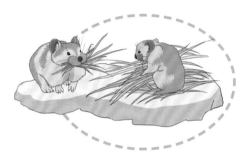

很多鼠兔有收集青草并成束带回巢的习性。它们把这些青草摊开，在太阳底下晒干，然后收藏到巢穴中，为过冬做准备。但高原鼠兔没有这个习性。

我们不冬眠，只能靠减少活动量、保存体力来熬过冬天。我们会在洞穴附近找能吃的草根、草茎，很多时候，牦牛的"便便"就是我们的"救命粮"。哎，很多同伴都没能挨过冬天便死去了。

牦牛的"便便"是我的"救命粮"。

高原鼠兔会吃牦牛的"便便"。

其他有储存干草习性的鼠兔越冬时较为顺利。

叫兔不是兔——蹄兔

我是蹄兔，大多生活在非洲和中东地区。看，我笑起来好看吗？

我虽然长得有点像兔子，但和兔子完全没有亲缘关系，反倒和大象是近亲。我们的脚上长着似蹄状的趾甲，所以被叫作"蹄兔"。又因为我们喜欢嚎叫，所以还有个名字叫"嗁兔"。

食谱

大多数没有尾巴

身上的毛粗硬而蓬松

背部有臭腺，腺部的毛色与体色不同

果实

地衣类

树叶

脚上有似蹄状的趾甲

蹄兔的嚎叫声会传达各种信息，如年龄、地位等，当然也能提醒同伴们"有敌人来了"。

蹄兔为什么常常嚎叫呢？

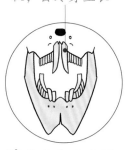

上门齿长，成弯刀状，会终身生长

蹄兔牙齿示意图

蹄兔脚底不平，中间内凹，就像吸盘一样，所以，无论是树上还是岩石峭壁上，蹄兔都能畅行无阻。

蹄兔的生活

蹄兔从凌晨就开始活动，白天会在岩石上晒太阳，整理毛发。

雄蹄兔常担任守卫，发现天敌就及时发出嚎叫声来通知大家。

蹄兔只靠叶子上的露水就可以补充身体所需的水分。

异味攻击！！

当蹄兔生气或受惊时，背上腺部的毛会竖起来，并发出异味。繁殖期时，它们也会用这异味来吸引异性的关注。

中午，群体成员一起躲在阴凉处，避开太阳的暴晒。

我们蹄兔科有三个属——蹄兔属、岩蹄兔属和树蹄兔属。我们外形上很相似，但背部腺体周围的毛色不同，要仔细分辨哦。

背毛灰褐色，腺体周围毛多为深黑色

体形较大，没有尾巴

蹄兔属目前只有南非蹄兔一种，也就是我们常说的蹄兔，广布非洲的岩石堆和灌木丛中。

背毛褐色至灰色，腺体周围毛为白色

没有尾巴

腺体附近的毛为黄色或白色

有1~3厘米长的短尾巴

树蹄兔属主要生活在树上，是非群居的夜行性动物。

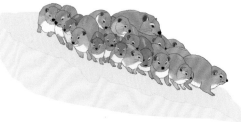

岩蹄兔属分布在非洲撒哈拉沙漠以南，喜欢数百只一起生活在多岩石的山区。

极地大长腿——北极兔

我是北极兔，是一种生活在加拿大北部和格陵兰岛上的野兔。我不仅拥有狐狸一般大小的体形，而且还拥有兔子界中的大长腿。看!

北极兔飞奔起来的速度可达到每小时 60 千米，还能灵活地转向。

冬天的北极兔一身雪白，只有耳朵尖是黑色的，像不像圆乎乎的棉花糖?

北极兔的大脚掌下面长着厚厚的毛，既保暖又防滑，即使奔跑起来也不容易陷进雪里。

我是个"变装狂"，会随着季节的变化而换上不同毛色的"大衣"。

我之所以总是换装，其实是为了更好地生存。我们是很多雪原食肉动物，如北极狐、北极狼、猞猁等的最爱。为了保护自己，我就换装使得自己的毛色和环境融为一体，让自己很难被发现。

冬天会披上厚厚白白的长毛"大衣"

秋天先是腿部和耳朵换成"冬装"，而后逐渐延伸至全身

冬

秋

夏

春

夏天会披上灰褐色的皮毛"大衣"，但尾巴和脚仍然是白色的

春天由头部和背部开始换上夏装

北极兔的四季循环"变装秀"

夏天的时候，我爱吃极地苔原上鲜嫩多汁的植物。冬天的时候，食物很难找，但我依靠嗅觉仍然能挖出雪下植物的根茎来吃，还可以吃树皮，以及冷杉、雪松等针叶树的树叶过活，有时还会吃动物的尸体呢。唉！

食谱

虎耳草　　针叶树叶
北极柳　　苔藓

北极兔正在吃雪下植物的根茎。

北极兔常常 20~300 只一起群居生活。"兔多力量大"，这样遇到天敌来袭，大家一起奔跑，可以干扰天敌的行动。

北极兔妈妈大多会在每年 5 月至 7 月间生下 2~5 只小宝宝。它们一出生就披着灰褐色的毛发，能看得清东西，并且很快就能自己找食物吃，3 个月就能长到和父母一样大了。当 9 月极地开始落雪时，它们的毛色也会变得雪白。

北极兔宝宝的毛色和大地的颜色相近，能很好地伪装自己。

耳朵是兔子散热的部位。北极兔生活在寒冷的地方，当然不想白白损失身体的热量，但又要有灵敏的听力，于是它们的耳朵长度中等。

北极兔的耳朵好像不如其他野兔的那么长啊。

月宫玉兔 的来历

相传月宫中有一只兔子，浑身洁白如玉，被称作"玉兔"。它的手里总是拿着一根玉杵 (chǔ)，不停地捣药制作仙药丸。那么，玉兔是怎么到月宫里去的呢？

传说很久以前，有一对修行了千年的兔仙夫妇，它们有四个雪白、聪明又可爱的女儿。有一天，兔仙爸爸奉命到天宫去见玉帝，在到达南天门时正好看到嫦娥被天兵押着从身边走过。兔仙爸爸问守门天神是怎么回事。原来，西王母娘娘赐给嫦娥的丈夫后羿 (yì) 一颗不死灵药，后羿把它交由嫦娥保管。而后羿的徒弟逄 (páng) 蒙一心想要得到它，趁后羿外出时，逼迫嫦娥交出灵药。嫦娥为了不让他得逞，偷偷将灵药吞下，飞升成仙。因为她私自上天触犯了天条，所以被罚关在月宫中。

嫦娥触犯了什么天条？为什么要被抓起来？

她偷吃了灵药，擅自飞升上天。

　　兔仙爸爸听后很同情嫦娥，想着她一个人被关在月宫里，该多么寂寞啊，如果能有一个人陪伴她就好了。忽然，他想到自己的四个女儿，于是有了一个想法。

　　兔仙爸爸回家后，把嫦娥的遭遇告诉了兔仙妈妈和孩子们，并说想让一个孩子去月宫和嫦娥做伴。兔仙妈妈虽然舍不得，但也同意了。几个孩子都表示愿意去陪伴嫦娥，最后便决定由最小的女儿到月宫陪伴嫦娥。从此，月宫中就有了玉兔的身影，它一直努力地捣药，想做出仙药丸给后羿吃，让他也能成仙来与嫦娥团聚。可是玉帝施了法术，使它的药丸一直都做不出来。

北京"兔儿爷"的传说

老北京人过中秋节时，有供奉"兔儿爷"的习俗。"兔儿爷"整体为泥塑，兔首人身，身披彩袍明甲，背插令旗，等等。其装束如同古代的大将军，"爷"是人们对它的尊称。

请兔儿爷保佑我们全家平安，无病无灾。

传说"兔儿爷"本是天上嫦娥身边的玉兔。有一年，北京城瘟疫蔓延，很多人都快病死了，嫦娥派玉兔下凡来为大家治病。玉兔变为人身，到处行走救治百姓。它不收财物，而喜欢穿各式的衣服，为表达感激之情人们给它拿来了各种衣服，所以其打扮总是不一样。玉兔为了能救治更多的人，常骑着马、鹿、狮子或老虎等往来于北京城各地。等瘟疫结束后，玉兔就回到月宫中去了。人们为了纪念玉兔的功德，就泥塑了一个兔首人身的形象，并在中秋节加以祭拜。

"兔儿爷"的造型各式各样、非常可爱，或骑着不同的坐骑，或穿着不同的衣服，但最常见的还是威风的将军形象。后来，泥塑"兔儿爷"渐渐成为孩子在中秋时玩耍的玩具。如今泥塑"兔儿爷"已成为北京市市级非物质文化遗产之一了。

放心，你会好起来的。

我们要好好感谢玉兔的救命之恩。

生肖兔 的来历

在十二生肖中，兔子位列第四，牛位列第二。那么，为什么牛的次序要比兔子的靠前呢？传说，玉帝要在某天挑选十二种动物当生肖，会按它们到达天宫的先后顺序来排位。动物们听说后都想拿第一，兔子认为自己擅长奔跑，第一肯定是自己的。兔子的好朋友大黄牛跑得慢，便向兔子请教跑步的方法。可兔子认为大黄牛根本没有跑步的天分，让它放弃。大黄牛不服气，自己天天刻苦地训练，日复一日，终于能跑得四蹄生风了。

到了挑选生肖那天，兔子一大早就出门向天宫飞奔而去。跑了一阵子，它回头看看，发现根本看不到其他动物的身影，心里美滋滋地想着先补一觉再跑吧，于是就躺在草丛中呼呼大睡起来。不久，大黄牛跑了过来，看见兔子在睡觉，便喊醒它让它接着跑，但兔子却满不在乎，认为自己跑得快，再睡一会儿也没关系。

大黄牛只能自己继续上路了。它跑啊跑啊，眼看就要到达天宫了，一只小老鼠突然从大黄牛的背上跳了下来，第一个到达了天宫。原来，小老鼠知道自己太小了，跑不过别的动物，就藏在大黄牛的背上，直到快到达天宫才跳了出来，成了第一名。当兔子被其他动物的脚步声惊醒后，开始拼命追赶，但已经晚了，它最终落在了老虎之后，只排到了第四位。

那我就先跑啦。

我再睡一会儿……

名诗中的兔

古朗月行（节选）

唐·李白

小时不识月，呼作白玉盘。

又疑瑶台镜，飞在青云端。

仙人垂两足，桂树何团团。

白兔捣药成，问言与谁餐。

指晶莹光洁的白瓷盘。

传说中神仙居住的地方。

吃。

译文 小时候不认识天上的月亮，把它称作白玉盘。又猜想它是神仙在瑶台使用的明镜，飞挂在青云之上。月亮缓缓升起，先是看到月中仙人的双脚，再渐渐看到团团丛丛的月中桂树。月中白兔在树下捣成仙药后，请问这仙药要给谁吃呢？

诗意 这是一首咏月诗，原诗共有8联，这里节选了前4联。诗人运用浪漫主义手法，借助丰富的想象，表现了儿童对月亮天真而美好的向往，洋溢着童真童趣。

名画中的兔

《梧桐双兔图》

清·冷枚

　　清朝宫廷画师冷枚是历经康熙、雍正、乾隆三代的宫廷画家，他的画作展现了当时宫廷绘画的顶尖技法。在他的代表画作《梧桐双兔图》中，画家以细腻清秀的中国画传统笔法，又融合了学自当时宫廷西洋画师的写实技法，描绘出了两只活灵活现、很有立体感的白兔，让人耳目一新。

两只体形肥硕的兔子正在梧桐下嬉戏。它们温顺可爱，姿态优美，皮毛洁白而富有质感，黑亮亮的眼睛灵动有神，整体形象生动逼真。

立轴　绢本　纵 176.2 厘米　横 95 厘米
现藏北京故宫博物院

成语故事中的兔

守株待兔

战国时期，一个宋国的农夫有一天正在田间劳作，突然，一只野兔飞奔过来，一头撞在田间的树桩上，折断脖子死了。农夫捡起了这只被撞死的兔子，开心极了。

哎呀！真棒！白捡了一只兔子。

兔子快来！兔子快来！让我能再次不劳而获吧。

自从这次轻松获得兔子后，农夫心里便美滋滋地想着：如果每天都可以捡到兔子该有多好啊。于是，从那以后，农夫再也不劳作了，整日守在树桩旁，希望还能再捡到撞死的兔子。结果兔子没等来，他却成了人们的笑柄。

故事小启示

这个成语故事就是讽刺那些妄想不劳而获的人。也比喻死守狭隘观念，不知变通。

狡兔三窟

谢谢您的慷慨和仁慈。

要谢就谢孟尝君吧。

战国时期，齐国孟尝君的门客冯谖(xuān)去薛城为其收债，冯谖却假借孟尝君的命令把债契(qì)全部烧毁了，负债的百姓因此对孟尝君感激万分。

孟尝君得知后很生气。后来孟尝君被迫离开国都前往薛城，薛城百姓都夹道相迎，孟尝君对冯谖感叹今日见到了当初用债契买来的"仁义"之效果了。冯谖说："狡猾的兔子准备三个洞窟才能保全性命；我为您所买'仁义'是'一窟'，我为您再开凿'二窟'，您就可以高枕无忧了。"

我这是在给您准备后路，就像狡猾的兔子一样，我们要多留几条路。

后来冯谖果然又给孟尝君开凿了"二窟"：一是让孟尝君接连三次谢绝了梁王请他去梁国担任重职的邀请，使得齐王赶紧恢复了孟尝君的齐国相位；二是劝诫孟尝君向齐王请求在薛城建造宗庙，并在宗庙中供奉先王的祭器，后来宗庙果然建成。从此，孟尝君便高枕无忧了。

请孟尝君继续担任相国一职！

这下孟尝君又得"一窟"。

故事小启示

这个成语故事启示我们，做事要留有余地，有先见之明。尽最大的努力去争取成功，同时也做好失败的心理准备和应变措施。

学说词组

兔

唇 chún
指上嘴唇纵裂或缺损，多有腭裂，可通过手术矫正。

毫 háo
指用兔毛制作的毛笔，也指兔毛。

玉 yù
传说月宫里的白兔，也称月兔。可以借指月亮。

学说成语

兔死狐悲 tù sǐ hú bēi
兔子死了，狐狸感到悲伤。比喻因同类的失败或死亡而感到悲伤。

狡兔三窟 jiǎo tù sān kū
窟：洞。比喻藏身避祸的地方多，当灾难来临时容易逃避。

乌飞兔走 wū fēi tù zǒu
乌：传说日中有三足乌，所以称太阳为金乌。兔：传说月中有玉兔，因此称月亮为玉兔。形容光阴迅速流逝。

守株待兔 shǒu zhū dài tù
比喻心存侥幸，不主动努力却想着不劳而获。现也比喻死守狭隘经验，不知变通。

动如脱兔 dòng rú tuō tù
比喻行动就像逃跑的兔子一样敏捷。

兔死狗烹 tù sǐ gǒu pēng
烹：煮。兔子死了，猎狗也就被煮来吃了。比喻事情做成功后，把曾经出过力的人抛弃或杀掉。多指统治者杀戮（lù）功臣。

兔子急了还咬人

比喻性情温顺的人被逼急了，也会奋起反抗。劝诫人们，不要欺人太甚，不要把人逼入绝境。

兔子不吃窝边草

兔子怕暴露自己，所以不吃自己窝旁边的草。比喻人不会在自己工作、生活的地方做坏事。

不见兔子不撒鹰

不看见兔子就不把猎鹰放出去。比喻没有把握达到目标时，决不轻易采取行动。

我们不吃窝边的青草，这样敌人就很难发现我们的洞口啦。

我好想吃这些草呀！

住嘴！不能吃窝边草。

学说歇后语

开春的兔子——成群结队

形容人或动物很多，自然地聚集在一起。后来也比喻团结一致。

沙窝里的兔子——灰头土脸

兔子从沙土中钻出来，浑身都是尘土。形容人满头满脸都是尘土，也形容人消沉不精神的样子。

兔子的尾巴——长不了

比喻某种势力的存在不会太长久，也有某种状况不能长久持续的意思。

呸！呸！哪来的这么多土？

哈哈哈，真脏。

啊呀！看你满头满脸都是土，太好笑啦。

视觉 小实验

兔子的眼睛和我们人类的不一样。它们的眼睛位于头的两侧，拥有近360°的视野，但立体视觉不好，看不到两眼之间正前方且近距离处的事物。我们人类的眼睛位于头部正前方，视野虽然只有兔子的一半左右，但立体视觉非常出色。不过，我们的眼睛在看东西时，存在视觉盲点，也会有判断错误的时候。现在就做两个小实验一起来看看吧。

实验材料

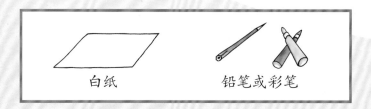

白纸　　　　铅笔或彩笔

实验一

1. 取一张白纸，如左图所示，在白纸左侧画一只小猫，然后在白纸右侧画一只小兔子（其实画什么都行，哪怕两个大圆点也可以）。

2. 用一只手捂住你的左眼，右眼看向纸面，能同时看到小兔子和小猫。

3. 现在，你的右眼紧紧盯着小猫，慢慢将纸张朝靠近自己的方向移动。

4. 当到达某一个距离时，你会发现小兔子突然消失了。

5. 现在，捂住右眼，左眼紧紧盯着小兔子，将纸张慢慢靠近自己，小猫是不是也会突然不见了？

实验二

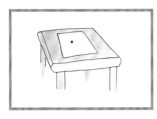

1. 先在白纸上画一个圆点，然后将白纸放在你面前的桌子上。

2. 坐直身体，手拿一支铅笔，用笔尖垂直去触及那个圆点，是不是很容易？

3. 现在，你用手捂住一只眼睛，另一只手拿着铅笔，再试着用笔尖去触及那个圆点。有什么发现？

实验结论

1. 实验一中，小猫和小兔的消失实验表明了我们的眼睛有盲点。我们视网膜上的某个区域，对光是不敏感的，我们称之为"盲点"，如果小兔或小猫的影像正好落在这个区域上，那它们就不会引起视觉。

2. 实验二中，我们只用一只眼视物时，很难将笔尖垂直落在圆点上。这是因为我们的两只眼同时视物时可以形成立体视觉，有了立体视觉，大脑才能准确地判断距离和高度。只用一只眼睛视物时，我们就很难估测笔尖和圆点之间的距离了。

兔 *知识* 大挑战

1. 兔子的三瓣嘴是为了能更好地（　　　）。

   A.喝水　　　　　B.发出叫声　　　　C.啃食草根

2. 兔子的长耳朵除了听声音，还能帮助它们（　　　）。

   A.引起注意　　　B.散热　　　　　　C.跑得更快

3. 兔子的鼻子不停地翕动，是因为它们（　　　）。

   A.在闻气味　　　B.感到不舒服　　　C.在给同伴发信号

4. 兔子的后腿比前腿（　　　），所以才会一蹦一跳地走路。

   A.短而粗　　　　B.有力　　　　　　C.长

5. 兔子会吃自己排出的软"便便"，是因为它（　　　）。

   A.肚子饿了　　　B.喜欢这种味道　　　C.想更好地消化食物

6. 野兔宝宝出生在（　　　），3天后就能到处活动了。

   A.地面上的浅草窝里　　　B.兔妈妈挖的地洞里　　　C.冬天的草原

1 C　2 B　3 A　4 C　5 C　6 A

兔知识大挑战答案

词汇表

豁嘴（huōzuǐ） 上嘴唇纵裂或缺损。兔子的嘴就是这种，所以也叫兔唇。

散热（sànrè） 这里指将体内的热量散发出来，让身体的温度不要升高。

驯化（xùnhuà） 在野外生活的生物被人类长期培养后，成为家养的动物或能人工种植的植物。

视网膜（shìwǎngmó） 是眼球壁最内一层的神经组织，由能感受光线的细胞和负责传导的神经等组成。

毛细血管（máoxì xuèguǎn） 连接在小动脉和小静脉之间的最细小的血管。遍布于人体内。

天敌（tiāndí） 在大自然中，一种动物被另一种动物捕杀，成为它的食物，那么后者就是前者的天敌。如小兔子被狐狸捕食，狐狸就是小兔子的天敌。

穴居（xuéjū） 指人或动物居住在洞穴里。

繁殖（fánzhí） 指动物或植物等产生新的个体。

泛滥成灾（fànlàn chéngzāi） 本来指江河水太多溢出岸边，给人们带来灾害。也用来比喻某个事物太多，多到影响正常生活的情况。

繁衍（fányǎn） 繁殖后代，使生物数量逐渐增多或增加。

盲点（mángdiǎn） 人的眼球后部视网膜上的一点，没有感光细胞，所以物体的影像落在这一点不能引起视觉。平时人们用两只眼睛观察事物，一只眼睛的盲点所不及之处，会由另一只眼睛的视觉来弥补，所以通常我们意识不到有视觉盲点。

图书在版编目（CIP）数据

长耳朵兔 / 小学童探索百科编委会著 ; 探索百科插画组绘 . -- 北京 : 北京日报出版社 , 2023.8
（小学童 . 探索百科博物馆系列）
ISBN 978-7-5477-4410-9

Ⅰ . ①长… Ⅱ . ①小… ②探… Ⅲ . ①兔—儿童读物
Ⅳ . ① Q959.836-49

中国版本图书馆 CIP 数据核字 (2022) 第 192919 号

长耳朵兔
小学童 . 探索百科博物馆系列

出版发行：北京日报出版社
地　　址：北京市东城区东单三条 8-16 号 东方广场东配楼四层
邮　　编：100005
电　　话：发行部：（010）65255876
　　　　　总编室：（010）65252135
印　　刷：天津创先河普业印刷有限公司
经　　销：各地新华书店
版　　次：2023 年 8 月第 1 版
　　　　　2023 年 8 月第 1 次印刷
开　　本：889 毫米 ×1194 毫米　1/16
总 印 张：36
总 字 数：529 千字
定　　价：498.00 元（全 10 册）